U0208761

Contents 目录

type 1 一出冰箱，美味即食！

肉类篇 Nest

海鲜篇 Seafood

青菜篇 Vegetables

鸡蛋篇 Egg

2 微波一热~即成小菜！

肉类篇 Nest

海鲜类 Seafood

创新篇 Others

type

3 “生鲜小菜直接冷冻”解冻加热即食，省时省事！

肉类篇 Nest

海鲜篇 Seafood

创新篇 Others

4 单人量的冷冻单点小菜，信手拈来！

简单小菜

Column 老公们的瘦身愿望

本书的使用方法

冷藏
可保存
3~4 天

表示冷藏的最佳保存期限。

可冷冻

表示适合冷冻保存。冷冻保存期限一般为 1 个月。

加热方法

Type3 有关“生鲜冷冻拌菜”加热方法的说明。

○一杯为 200mL，一大匙为 15mL，一小匙为 5mL。大小勺均指平勺量。

○尽量选用含有矿物质的粗盐和无添加成分的调味料粉。

○味噌无特殊指定，用自己喜欢的即可。

○微波炉为 600W，烤箱为 800W。功率不同影响饭菜效果，请在仔细阅读说明书后正确使用加热工具。

○书中的加热时间或温度仅供参考，可酌情加减。

○本书将“调味汁腌制的”菜品统称为腌菜。

满足老公们的愿望，介绍随意吃的菜谱！

可以培养瘦身吃法的习惯，强忍禁食万万使不得。

52岁的时候，我感觉体质实在太差，便下决心瘦身。从小就是一直胖胖的我这次挑战了所有的瘦身办法，结果均以失败告终。我从屡屡的失败中学习得出的结论是“此路不通”。本来自己就是个地道的吃货，那就是尽情吃！不强忍禁食！我认为，必须最大限度地消除焦虑才能持续瘦身。

于是得出的关键词是血糖值、酵素、膳食纤维。造成肥胖的原因是血糖值的上升，必须抑制。多食酵素食品，提高代谢能力。尽量多地摄取膳食纤维。只要树立这个意识，便会觉得可选择的食品多得是。

接下来的一年，我的体重减掉了26kg，我也习惯了这种饮食习惯，就这样一直保持到了今天。我的体质状态也非常良好。

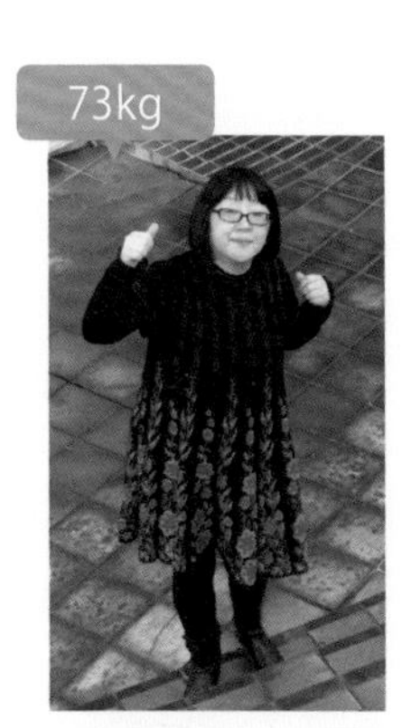

人生最后的一次减肥
2010年11月

-26kg

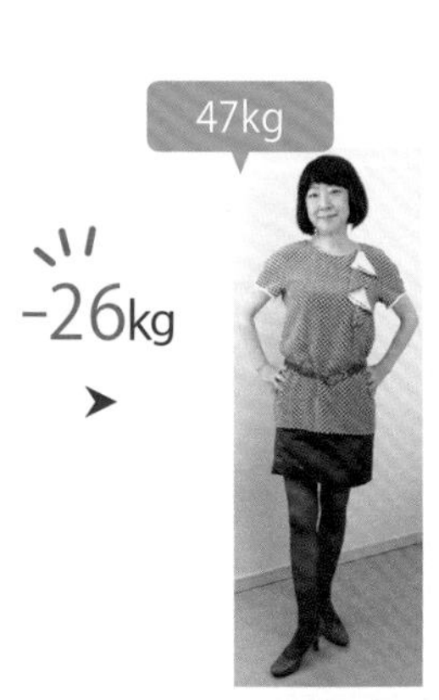

2014年11月

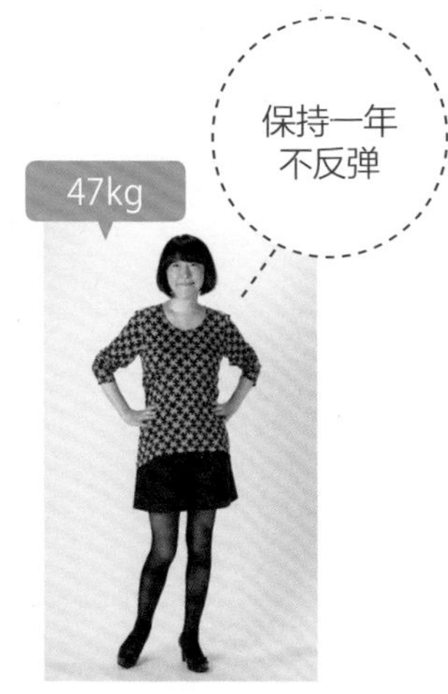

2015年10月

将老公喜欢吃的瘦身菜谱公之于众

我的那本介绍体重减掉 26kg 时候创制的瘦身菜谱的书《英子减肥食单》（青岛出版社出版）获得了好评，与各方面人士交流的机会也大大增加，令我吃惊的是，“想让老公也瘦身”的心声不断传来，还有“看是瘦身但坚持不住”“已经没信心瘦身了”，云云。

于是我心中也随之产生了让自己老公（当时 50 岁）瘦身的愿望。本来老公自己无意瘦身，仅仅跟着我一起吃我的瘦身料理，他的体重就减掉了 10kg。当然至今很自然地保持着。本书就特意将老公平常喜欢吃的菜谱公之于众。单凭感官可能以为菜谱里有很多菜不适宜瘦身，别担心，您尽管放心去吃好了，肯定会实现瘦身的。

2010 年 11 月
老公满脸滚圆，大腹便便，患有高血压，服用降压药。

2015 年 10 月
脸部消瘦下来了，将军肚不见了。血压降下来，不用服药了。

夫妻和睦
共同瘦身！

血糖值 **酵素** **膳食纤维**

尽情吃喝照样瘦身！
不要介意卡路里！

瘦身常识在持续改变，如今低糖比低热量更重要。

提到瘦身饮食常常使人联想起降低卡路里。但是，造成肥胖的原因是“血糖值激增或频繁上升”。使血糖值上升的是糖分。糖分不仅存在于砂糖，也包括米饭和面包等碳水化合物。换句话说，只要控制住含糖量高的进食即可。此刻，就不要介意卡里路了。

· 瘦身吃法 3 原则 ·

1. 多吃蔬菜

新鲜蔬菜富含酵素，不仅有助于消化，还有促进代谢的作用，故可使人代谢顺畅，促进瘦身减肥。加之蔬菜加热后蔫柔萎软，可以增加食量。摄取膳食纤维也很重要。

2. 多吃鱼肉

“不吃卡路里高的肉类”是错误观念。肉类和鱼类富含的蛋白质是维持我们身体健康的重要物质，其中几乎不含糖分，可以尽情食用。奶酪和鲜牛奶也 OK 。

3. 严控碳水化合物

碳水化合物里含糖量较高，尤其要严控其摄入量。首先，米饭、面包、面条之类的食物，要减少到平时量的⅓~½。如果想尽早见效的话，可连续数日不吃上述食物。不吃含有砂糖和面粉的点心。

进食的顺序→**按照（1）（2）（3）的顺序进食，效果显著！**

\ 4 种类型的减肥小菜可以尽情选择 /

一出冰箱，美味即食！

将瘦身小菜贮存到冰箱里，就可以减少不必要的外出吃饭和在家做菜的机会。

微波一下即可温热的小菜！

温热的瘦身小菜暖腹暖心，增加代谢。

“新鲜拌菜直接冷冻”简单易行！

低糖食材的拌菜冷冻保存，忙的时候就能派上大用场。

单品小菜按一人份的量冷冻最合适！

这样可以按照一人份的量加热，老公一个人吃就可以，简单实用。

瘦了！
“瘦身小菜”品赏体验报告

根据“瘦身吃法 3 原则”，4 位“老公”没有进行特别的运动，坚持以“瘦身小菜”为主的饮食生活体验。其效果既有目共睹也有数据证明！

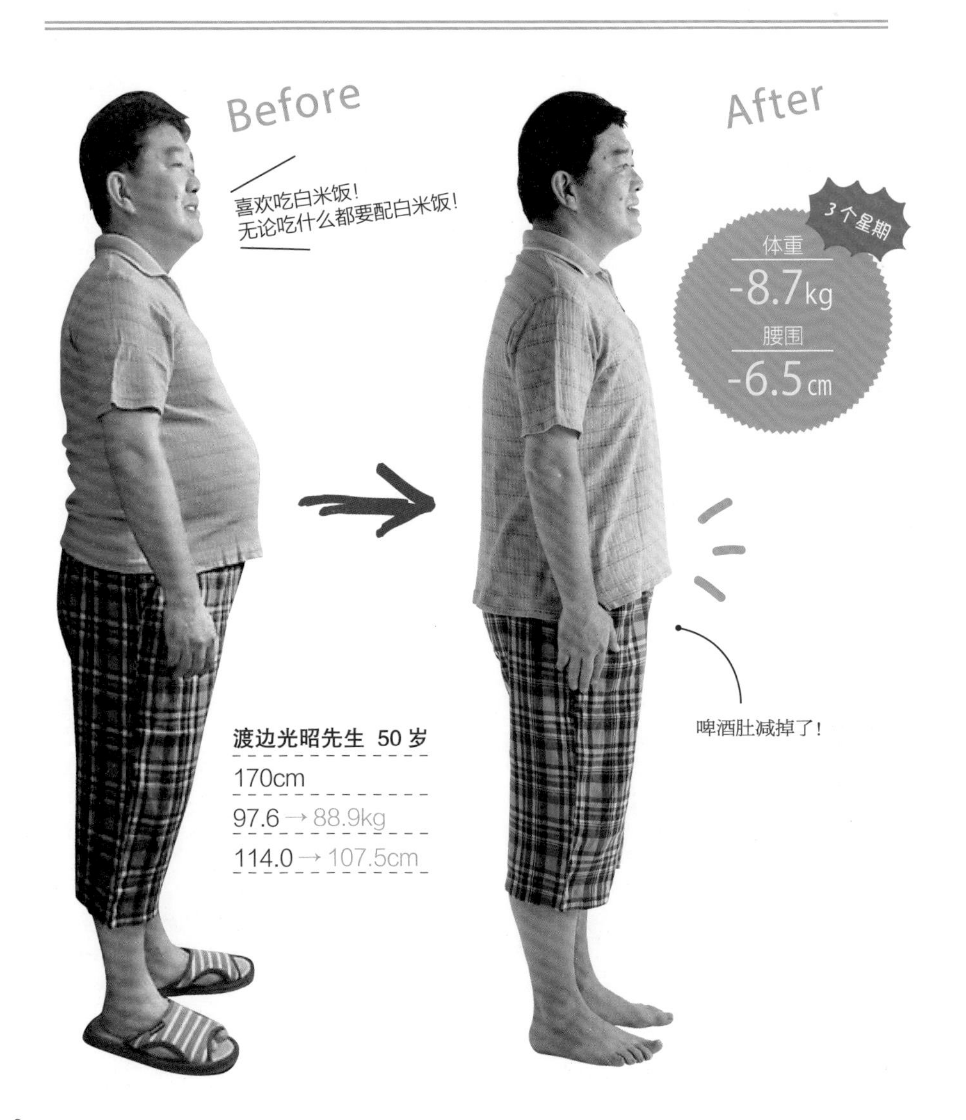

Case 1 仅仅三个星期减掉了 8.7kg 半途加入的妻子也陪着减掉了3kg！实现了“共同瘦身”！

3个星期的体验期间，体验者从本书的菜谱中选出36个菜，另外从本系列已出的《英子减肥食单》（参见下图介绍）中进行了品赏体验。由于体验者从事销售行业，每周不得不在外吃饭4次，另外还有2次自发的外出吃饭。尽管如此，体验者的体重每天顺利减少，每次测体重都沾沾自喜，甚至自己去买来了最新式的体重仪。

整个过程中，严守“瘦身吃法3原则”。早餐喝酸奶，控制少吃自己喜欢的白米饭，喝黑咖啡（原本是配备砂糖和牛奶的），不吃含糖量高的土豆和玉米，特别想吃水果的时候，为提高代谢能力，一早就吃……这些就是实践。以前最过瘾的是白米饭，现在不知不觉已经很少吃碳水化合物了。

结果，两年前单身在外工作时期增加的体重，仅仅用了3周时间就成功减下来了。半途加入的妻子经过2周也跟着减掉了3kg，乐得妻子合不拢嘴。瘦身见效后，仍然坚持远离碳水化合物，即使去吃回转寿司，以前能吃11盘，现在吃到6盘就饱饱的了。后来也一直没胖起来，现在一直保持当初减掉10kg的水平。

渡边先生喜欢吃的“瘦身小菜”

- 肉片辣拌豆芽（p.4）
- 中式蒸三文鱼（p.15）
- 蒜香猪排（p.40）
- 生姜炖鸡肉（p.44）
- 高汤旗鱼（p.51）

立竿见影瘦下来！

渡边先生的减肥数据：

- □早餐尽量喝酸奶。（增强代谢）
- □喝黑咖啡。（无糖）
- □不吃土豆和玉米，如沙拉里有，可挑出不吃。（无糖）
- □尽量不吃碳水化合物（白米饭）。（无糖）
- □特别想吃水果的话，就一早吃。（增强代谢＋无糖）
- □每天量体重，用瘦身数据鼓励自己。
- □可以“共同瘦身”，让妻子也兴高采烈。（家庭和睦）

本书作者已出版《英子减肥食单》（青岛出版社）。“50多岁，一年减掉26kg，未反弹！”成功瘦身的作者著述了自己创制并体验过的81个瘦身菜谱。该书在日本上市后销量突破33万册。

Case 2 瘦身不禁酒，中性脂肪从 254 下降到 52，大幅度下降！

我的体重减了 6.6kg，很高兴。实践证明，照样吃喝依然瘦身，没有半点不适。甚至有时在想，就这样随心所欲地吃有啥不好，酒也可以尽情喝……

最令我高兴的是，上次在医院被诊断为“需要观察”的中性脂肪，瘦身后，由原来的“254”降到了“52”，大概是从以前就很少吃碳水化合物，而有意识地多吃蔬菜的缘故。瘦身结束过了半个月，习惯了瘦身吃法，其后体重继续减低，又瘦了 2kg。数值下降令妻子安心，可以说妻子的配合也是至关重要的，今后的生活中还要继续吃“瘦身小菜”。

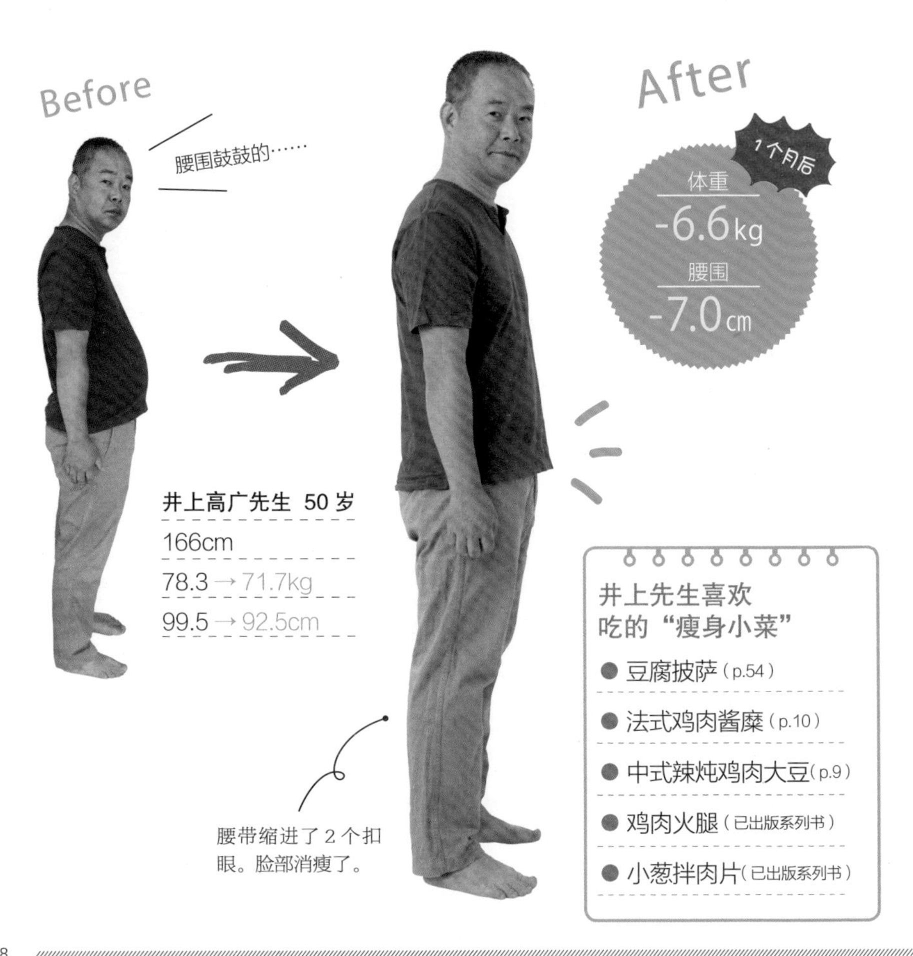

井上先生喜欢吃的“瘦身小菜”

- 豆腐披萨（p.54）
- 法式鸡肉酱糜（p.10）
- 中式辣炖鸡肉大豆（p.9）
- 鸡肉火腿（已出版系列书）
- 小葱拌肉片（已出版系列书）

Case 3 随便吃喝快乐瘦身，腰围缩进 14cm！

当我感觉到自己大腹便便之后，一直坚持步行和肌肉训练，自从食用“瘦身小菜”之后，体重迅速下降，1 个月减掉了 5.5kg。体重下降了，啤酒肚也不见了。我感觉自己又回到了 30 岁 。整个菜谱都挺可口，我才得以轻轻松松瘦身了。我尤其对辣豆情有独钟（此前已出版的系列书）。

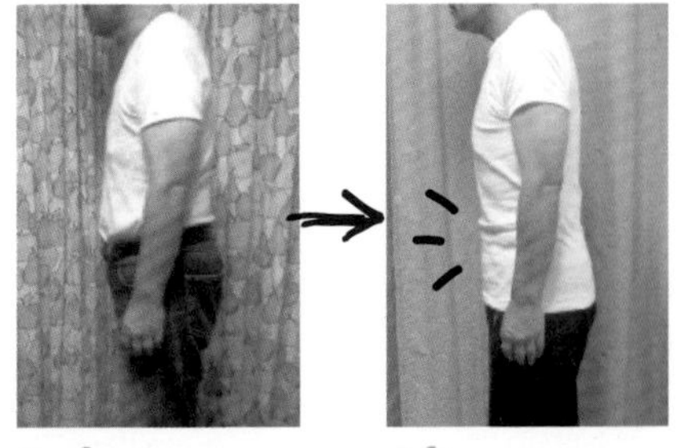

Before　　After

N 先生　59 岁

170.5cm

75.7→70.2kg

95→81.0cm

Case 4 自创的简单菜单魅力无穷，吃得满腹也照样减肥！

我是个自由职业者，从事广告制作，生活没有规律。我不可能完全按照本书的理论一一实践，只是尽可能在饮食生活中导入“瘦身小菜”。结果仅仅用了 18 天我的体重就减了 4.6kg。这是我的亲身体验。自己实际操作相当简单，使我受益匪浅。而且每天吃得饱饱的，真是一举两得。生活规律稳定的话，瘦身就更不成问题了。

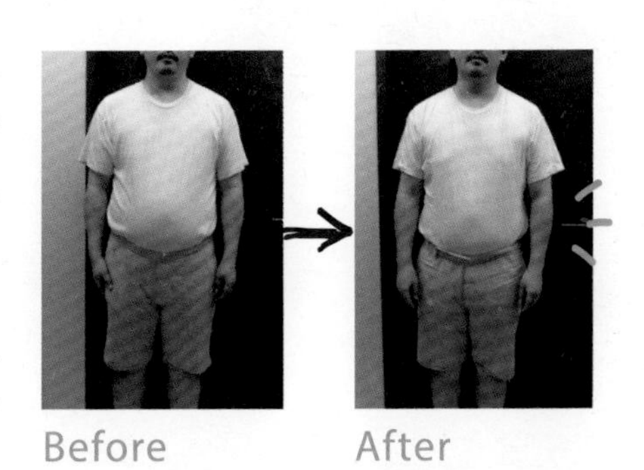

Before　　After

T 先生　40 岁

170cm

84.3→79.7kg

108.0→105.0cm

1个月后

体重

-4.6kg

腰围

-3.0cm

type

1 一出冰箱，美味即食！

把预先做好的瘦身小菜贮藏到冰箱里。
想吃的时候，取出来，立马上桌。
菜单简单！准备饭菜轻松简便！减少不必要的外出就餐。

选用何种容器……

保存容器的质地采用搪瓷或玻璃的。因为这些质地不易磨损又便于清洗。装菜前需将容器洗净晾干保持清洁。

刚出冰箱时注意回温

在冰箱里油脂容易凝固。准备饭菜时，将容器从冰箱里取出后，可以先将之置于常温下，然后忙些其他事情，待饭菜回温后再进餐。

可以冷冻的食品标注有“可冷冻”字样。

肉类篇

Beef & Lamb

肉片橙醋拌黄瓜

冷藏
3~4日

将涮肉用的肉片先焯水后搅拌。口味清淡，可以尽情多吃。

材料（2人份）

涮肉用猪肉片…300g

黄瓜（切细丝）…1根

大葱（斜切薄片）…半根

A | 橙醋…2大匙
 | 芝麻油…1大匙

做法

1. 将涮肉用的猪肉片用开水焯变色后，装入漏勺。
2. 将黄瓜和大葱加少许盐（分量外）拌匀，轻揉5分钟后，用水轻轻冲洗后挤出水分。
3. 将以上食材装入容器后，加入调料A搅拌均匀。

涮肉用猪肉片焯变色之后，立即用漏勺沥水。趁余热保持肉片刚出锅一样柔软。

蔬菜加盐后渗出水分，保存过程中盐味不会变淡。用水轻轻冲洗后用力挤出水分。

肉片辣拌豆芽

冷藏
4~5日

大豆豆芽通过发芽提高了营养价值。
期待大豆的蛋白质发挥燃烧体内脂肪的效果！

材料（2人份）

涮肉用肉片…300g
大豆豆芽…1袋

A
醋…2大匙
酱油、芝麻油…各1大匙
中餐调味粉…1小匙
豆瓣酱…1~2小匙

做法

1. 将涮肉用的肉片和豆芽同时焯水后，装入漏勺沥水。
2. 将调料A倒入容器中，轻轻盖上保鲜膜，放入微波炉加热1分钟。
3. 将食材和调料倒入容器中搅拌均匀。

酸奶丸子

冷藏
3~4日

自制肉丸用微波炉加热！
加上号称蔬菜之王的西蓝花一起吃。

材料（2人份）

猪肉馅儿…200g
西蓝花（掰成小朵）…半棵

A
蛋黄酱…1大匙
盐、胡椒…各少许

B
原味酸奶（无糖）…3大匙
橄榄油…1大匙
盐、胡椒…各少许

做法

1. 将肉馅儿中倒入调料A，搅拌均匀后分为8等份。
2. 将步骤1的食材倒入容器中，摆入西蓝花，轻轻盖上保鲜膜，用微波炉加热4分钟。确认状态后再加热1分钟。
3. 将肉丸子装入容器，加入调料B。将西蓝花置于肉丸子间隙。

番茄醋拌鸡肉

冷藏
4~5日

番茄泥和洋葱片的最佳组合，
名副其实的“瘦身感觉”！

材料（2人份）

鸡胸肉（大块）…300g
番茄…1个
洋葱（切成薄片）…半个
A 醋…3大匙
  盐…半小匙
  胡椒…少许
酒、盐、胡椒…各少许
橄榄油…1小匙
洋芹（如果有）…适量

做法

1. 将番茄连皮一起捣成泥，与调料A搅拌后入锅，中火煮至近沸腾（即番茄醋）。
2. 在平底锅里加入鸡胸肉、酒、盐、胡椒、橄榄油搅拌，加盖，中火煮炖2~3分钟后，开盖加热至无汁为止。
3. 将步骤2的食材倒入容器中，加入洋葱薄片，将番茄醋倒入。最后摆上洋芹作装饰。

用番茄醋做出另一道小菜

番茄醋拌白鱼肉

冷藏
4~5日

用同样的番茄醋拌出不同的味道。

材料（2人份）

白鱼肉（大块）…3块
番茄醋…适量
大葱（斜切薄片）…半根
酒、盐、胡椒…各少许
橄榄油…1小匙

做法

1. 番茄醋与“番茄醋拌鸡肉”项中的做法相同。
2. 将白鱼肉装入容器中，加入酒、盐、胡椒，再撒上大葱薄片，最后浇上橄榄油。轻轻加盖保鲜膜，用微波炉加热3~4分钟。
3. 在容器里倒入步骤2的食材，用番茄醋搅拌。

青柠蒸鸡肉包菜

冷藏
3~4日

可以尽情敞开吃、清凉可口的蒸包菜。
冷冻时，请解冻后食用！

材料（2人份）

鸡胸肉（杂切块）…300g
包菜（手撕）… ⅓小棵
柠檬（薄片）…1个
盐… ¼小匙
胡椒…少许
酒或水…半杯
橄榄油…1大匙

做法

1. 在平底锅里按顺序加入包菜、鸡胸肉，撒上盐和胡椒，浇上酒或水，加盖后强火加热。
2. 煮沸后改为弱中火加热6分钟。加入柠檬，再盖锅盖加热1分钟，熄火蒸1分钟。
3. 将以上食材连汁一起倒入容器中，浇上橄榄油。

※ 柠檬要连皮食用，注意需选用不含防腐剂和石蜡的。

肉类篇

中式辣炖鸡肉大豆

冷藏
4~5日

将大豆提前泡制一晚上味道更佳。
可以补充优质的蛋白质，为推荐菜品。

材料（2人份）

鸡腿肉（炸鸡用）…200g
蒸大豆（成品）…100g
芝麻油…1大匙
酒、味淋…各1大匙
味噌、豆瓣酱…各2小匙
水…¼杯

做法

1. 将芝麻油倒入平底锅后加热，倒入鸡腿肉炒制。
2. 待鸡肉焦黄着色后，加入蒸大豆、酒、味淋、味噌、豆瓣酱、水，加盖后弱中火煮10分钟。
3. 开盖，待汤汁熬尽，出锅入盘。

法式鸡肉酱糜

冷藏
4~5日

放置 2~3 天更加松软更加美味！
直接在耐热容器里制作更简便。

材料（2人份）

鸡肉馅儿…200g
豆渣…50g
鸡蛋…2个
西蓝花（掰成小朵）…⅓棵
A 味噌…1大匙
A 盐、胡椒…各少许
橄榄油…半大匙

做法

1. 将调料 A 加入鸡肉馅儿中搅拌。将豆渣和鸡蛋搅拌，最后加入橄榄油搅拌。
2. 在耐热容器里涂抹一层橄榄油（分外量），将步骤 1 的食材平摆进去。将西蓝花焯水（或用微波炉加热一下）后，均匀摆入。
3. 轻轻加盖保鲜膜之后，送入微波炉加热 4 分钟。待其冷却后即可食用。

※ 加热后会渗出很多水分，冷却后鸡肉会吸入水分，形成胶冻状。

鸡胗鸡肝小炒

冷藏
4~5日

分别吃出不同的食感。
偶尔当成酒肴，不亦乐乎！

材料（2人份）

鸡胗…150g

鸡肝…150g

彩椒（切成2~3cm的三角块）…1个

圆葱（切成薄片）…¼个

A
- 酒…2大匙
- 橄榄油…1大匙
- 盐、胡椒…各少许

B
- 醋…2大匙
- 酱油…2小匙

做法

1. 将鸡胗切成大块。鸡肝切成适中大小，用流水洗净。
2. 在平底锅里加入步骤1的食材和调料A，搅拌后加盖，强火加热。听到吡吡声音后，改为弱中火，加入彩椒、圆葱后搅拌，再加盖加热2~3分钟。
3. 熄火，加入调料B搅拌。

海鲜篇
Seafood

橙味扇贝肉

冷藏
4~5日

新鲜水果增加酵素。
焯好小扇贝，可以保鲜。

材料（2人份）

小扇贝…12~14个
橙子…1个
胡萝卜（切丝）…1小根
核桃（无盐烤制）…30g
A 醋…2大匙
盐、胡椒…各少许
橄榄油…2小匙

做法

1. 将小扇贝焯水后沥干水分。
2. 将橙肉取出，橙子皮榨成果汁。
3. 将步骤1、步骤2的食材、胡萝卜、碎核桃块、调料A，搅拌后装入容器。

剥掉橙子皮，顺着橙肉瓣边缘插入刀子，更容易取出果肉。在保鲜膜上切橙子更易保存。

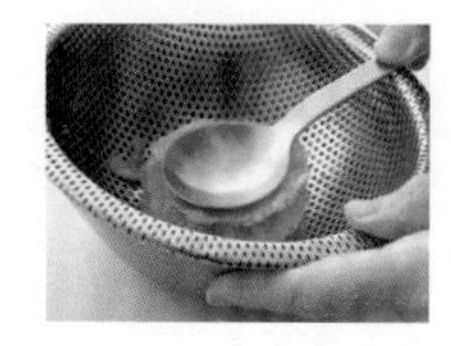

果皮粘连着果肉，装入漏勺用钢匙压榨出果汁。

柚味醋渍鲭鱼

冷藏
3~4日

成品醋渍鲭鱼制成佳肴创意简单。
配上水果的一款美味，既温润又时尚。

材料（2人份）

醋渍鲭鱼（成品）…半条
圆葱（薄片）…¼个
柚子…1个
A 醋…1大匙
盐…⅓小匙
胡椒…少许
橄榄油…半大匙
洋芹干末（如果有）…适量

做法

1. 将醋渍鲭鱼切成薄片。
2. 将圆葱薄片撒上少许盐（分外量）放置5分钟，渍入味道后，轻洗，挤出水分。
3. 取出柚子的果肉，将柚子皮榨出汁。
4. 将以上食材倒入容器中，将果汁倒入调料A，淋上橄榄油，如果有的话，撒上适量洋芹干末。

韭味酱汁鲛块

冷藏
3~4日

1把韭菜2人吃，可以提高免疫力。
不用大葱和生姜，照样做出新鲜味。

材料（2人份）

蓝点马鲛（切成一半）…3块

韭菜…1把

A
- 醋…2大匙
- 味噌、芝麻油…各1大匙

做法

1. 锅内加水煮沸，将韭菜轻焯后，装入漏勺。
2. 用同锅沸水焯煮鲛块3分钟后，装入容器中。
3. 待韭菜稍微冷却后沥水，切成3cm长的段，撒在步骤2的食材上，最后将调料A搅拌后浇上。

中式蒸三文鱼

冷藏
4~5日

三文鱼富含牛磺酸，有促进胆固醇代谢的功能。
为了健康，多吃益善！

材料（2人份）

生鲜三文鱼（大块）…3块
黄瓜（切丝）… 半根
大葱（斜切薄片）…10cm

A
盐、酱油…各少许
酒…2大匙
酱油…1大匙

B
醋…2大匙
芝麻油…1小匙

做法

1. 将生鲜三文鱼摆入耐热盘中，按A中标注的顺序依次涂抹调料后轻轻加盖保鲜膜。用微波炉加热3分钟后，装入容器（留出蒸出的汤汁备用）。
2. 将黄瓜和大葱撒上盐（分外量）搅拌，轻揉5分钟后洗净沥干水分。
3. 在鱼块上撒上步骤2的食材。最后将调料B倒入蒸出的汁中搅拌，洒到整个菜上。

酸奶拌三文鱼牛油果

冷藏
3~4日

堪称最强的美容食材三文鱼和牛油果完美组合。
既美容又健康，真是相得益彰！

材料（2人份）

牛油果（切成2~3cm的三角块）…1个
烟熏三文鱼…100g
圆葱（切成薄片）…¼个
柠檬汁…1大匙
原味酸奶（无糖）…4大匙

A
- 橄榄油…1大匙
- 咖喱粉…2小匙
- 盐、胡椒…各少许

做法

1. 将柠檬汁搅拌入牛油果中。将少许盐（分外量）撒入圆葱薄片中腌制5分钟，轻洗后挤出水分。
2. 将步骤1的食材和烟熏三文鱼摆入容器中，将搅拌后的调料A洒上即可成菜。

海鲜篇

美汁扇贝柱

冷藏
2~3日

汁液丰富爽口入味的好菜，
堪称健康食品首选的萝卜苗令人垂涎。

材料（2人份）

白萝卜（切细丝）…4cm
萝卜苗（去根）…1袋
扇贝柱…10个

A
豆乳…6大匙
面汤汁（2倍浓缩）…1大匙
橄榄油…1大匙

做法

1.将白萝卜丝加少许盐（分外量）腌制5分钟，轻洗沥水。将扇贝柱焯至半熟。
2.将萝卜苗、步骤1的食材依次摆入容器中，最后浇上搅拌后的调料A。

竹荚鱼沙拉

冷藏
2~3日

竹荚鱼富含不饱和脂肪酸，可以降低胆固醇。
懒得处理的话，可直接买半成品，做起来更简单。

材料（2人份）

竹荚鱼…3条
胡萝卜（切细丝）…⅓根
大葱（斜切薄片）…10cm
生菜（手撕）…适量
A 橙醋酱油…3大匙
　橄榄油…半大匙

做法

1. 将3条竹荚鱼劈开，去骨剥皮，撒上少量盐（分外量）腌制，盖上保鲜膜，送入冰箱10分钟。将鱼肉揩干水后，在鱼的表皮切上格子花纹，然后切成大块。
2. 将胡萝卜丝和葱片撒少许盐（分外量），轻揉腌制5分钟，沥水。
3. 将生菜铺入容器，摆上以上食材，最后浇上调料A即可。

虾仁番茄

冷藏
2~3日

高蛋白低脂肪的虾仁富含牛磺酸，
具有降低血液中不良胆固醇的作用。

材料（2人份）

蒸虾（带皮）…160g
黄瓜（切成小块）…1根
小番茄（对切）…6个
A 橙醋酱油、水…各3大匙
芝麻油…1大匙

做法

1. 将蒸虾去皮。将黄瓜撒少许盐（分外量），腌制5分钟，挤干水分。
2. 将以上食材和小番茄摆入容器，浇上调料A。

青菜篇

Vegetables

培根大圆葱

圆葱具有升高体温燃烧中性脂肪的作用，
加热后更加柔软，一顿一个轻轻松松。

材料（2人份）

圆葱…2个
培根（切成半片）…2片
盐、粗黑胡椒…各少许
橄榄油…2小匙

做法

1. 将整个圆葱切成十字口，撒上盐。将培根盖在圆葱的十字口上，再摆入耐热容器中。盖上保鲜膜，用微波炉加热6分钟。
2. 最后撒上盐和粗黑胡椒，浇上橄榄油。

微波青椒

冷藏
3~4日

不用刀切可以做出柔软可口的美味。
青椒也有升高体温增进脂肪燃烧的作用！

青菜篇

材料（2人份）

青椒…6个
鲣鱼干末…1袋（3~5g）
酱油…1小匙

做法

1. 用餐叉在青椒上扎几个小孔，分别用保鲜膜将每个青椒包起，用微波炉加热3分钟。
2. 冷却后用手将青椒掰成块，加入鲣鱼干末和酱油腌制即可。

加热时为防止破裂，先用餐叉在青椒上扎3~4处小孔。

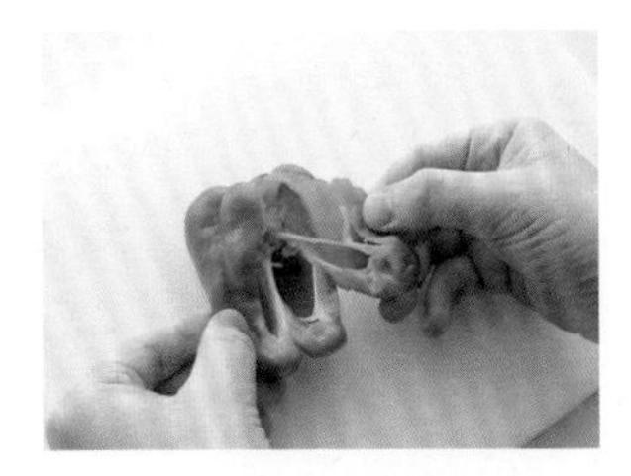

冷却后只需用手掰成合适大小。同时摘除菜种和蒂把。

西葫芦胡萝卜沙拉

冷藏
2~3日

西葫芦低糖且富含维生素和矿物质，
拌上极富营养的芝麻，喷香可口。

材料（2人份）

西葫芦（切成丝）…1根
胡萝卜（切成丝）…半根
白芝麻…1~2大匙
A | 橄榄油、醋…各1大匙
  盐、胡椒…各少许

做法

1. 将胡萝卜丝加入西葫芦丝，用1小匙盐（分外量）腌制5分钟，轻洗后挤干水分。
2. 装入容器，撒上白芝麻，最后浇上调料A搅拌即可。

西葫芦炖番茄

用鸡蛋搭配蔬菜锦上添花，
冷吃热吃都相宜的美味佳肴。

材料（2人份）

西葫芦（切成1cm圆片）…1根
番茄（滚刀块）…1个
鸡蛋…1个
盐、胡椒、洋汤料粉…各少许
橄榄油…半大匙

做法

1. 将西葫芦和番茄倒入平底锅，加入盐、胡椒、洋汤料粉，淋上橄榄油。加盖后中火炖3分钟。
2. 开盖后再翻炒2分钟。打入鸡蛋搅拌，翻炒加热1分钟。出锅入盘。

芜菁火腿

冷藏
3~4日

芜菁一看就有食欲，
炒到半生食之最佳。

材料（2人份）

西葫芦（切成丝）…1根
芜菁（切成尖块）…3个
生火腿（手撕）…40g
橄榄油…1大匙
盐、胡椒…各少许
柠檬汁或醋…半大匙

做法

1. 将橄榄油和芜菁倒入平底锅搅拌，盖上盖子，强火加热，待听到吡吡声后，改为中火加热1分钟。
2. 开盖，待芜菁烧至着色后，加入生火腿轻炒。加入盐、胡椒，洒上柠檬汁或醋，熄火出锅入盘。

彩椒炒茄子

冷藏
4~5日

茄子的紫色是多酚的一种，
与富含维生素 C 的彩椒搭配成绝美的冷拼。

材料（2 人份）

茄子（切成滚刀块）…3 根
彩椒（切成 2~3cm 的三角块）…1 个
橄榄油…1 大匙

A
- 醋…1 大匙
- 洋汤料粉…1 小匙
- 盐、胡椒…各少许

做法

1. 将茄子洗净沥干。
2. 在平底锅里倒入橄榄油，开中火，倒入茄子轻炒，加盖加热 2~3 分钟。再加入彩椒拌炒。
3. 加入调料 A，拌炒 30 秒，出锅入盘。

芥末黄瓜

冷藏
3~4日

单点最受欢迎的小菜。
加点芥末增进食欲。

材料（2人份）

黄瓜…2根
黄芥末…1小匙
日式汤料粉…半小匙

做法

1. 用刮皮器将黄瓜竖向刮成间隔条纹，切成2cm厚片。
2. 将黄瓜片和调料A装入塑料袋，轻揉后放置一夜即可。

西芹炒金枪鱼

冷藏 3~4日

西芹富含膳食纤维和钙。
配上金枪鱼，做成咖喱味，令人胃口大开！

材料（2人份）

西芹…1根
金枪鱼罐头（水煮）…1罐（75g）
橄榄油…半大匙
咖喱粉…1小匙
盐、胡椒…各少许
醋…1大匙

做法

1. 将西芹茎斜切成5cm厚片，西芹叶粗切。
2. 在平底锅里倒入橄榄油，开中火，倒入西芹轻炒。将金枪鱼罐头连同汤汁、咖喱粉一起倒入翻炒，加入西芹叶、盐、胡椒调味。最后浇上醋，熄火，出锅入盘。

凉拌菜花番茄

冷藏
3~4日

补充膳食纤维，口味清淡，即食方便。
加入水煮章鱼佐之，味道更佳。

材料（2人份）

菜花（掰成小朵）…1棵
番茄（切成尖块）…1个
秋葵（去掉花萼）…4根

A
- 水…1.5杯
- 醋…3大匙
- 味淋…1大匙
- 日式汤料粉…1小匙
- 盐…半小匙

做法

1. 热水中加入1大匙醋（分量外），倒入菜花，煮1分钟。再加入秋葵煮30秒，沥干水分。加入番茄后，装入容器，
2. 将调料A倒入锅中，将近煮沸时熄火，浇到步骤1的食材之上。

苦瓜火腿

冷藏 3~4日

苦瓜富含维生素C，可提高免疫力！
是盛夏时节不可或缺的首选小菜。

材料（2人份）

苦瓜…1小根
圆葱（切成薄片）…¼个
火腿（切丝）…4片

A
醋…2大匙
芝麻油…2小匙
酱油…1小匙

做法

1. 将苦瓜竖切成两半，去除瓜瓤，切成薄片。拌入圆葱薄片，加1小匙盐，搅拌后放置5分钟，轻洗后挤出水分。
2. 将以上食材和火腿倒入容器，洒上调料A搅拌。

芝士火腿蛋饼

冷藏
3~4日

比蛋包还要简单！
主菜不足时或便当搭配时之必备佳肴。

材料（2人份）

鸡蛋…2个
原味酸奶（无糖）…1大匙
芝士…2片
火腿…2片
盐、胡椒…各少许
橄榄油…2小匙

做法

1. 将鸡蛋打入原味酸奶、盐、胡椒搅拌。
2. 将橄榄油倒入煎蛋器，开中火，倒入调好味的蛋液。用筷子搅拌加热至半熟状，摊平，改弱火。
3. 在单侧加上芝士和火腿，将另一半折回，放入容器即可。

咖喱蛋

冷藏
6~7日

随吃随取、可以入味的煮蛋。
咖喱风味，无需砂糖，依然美味！

材料（2人份）

煮蛋…4个

A
- 水…半杯
- 醋…2大匙
- 咖喱粉、洋汤料粉…1小匙
- 盐…¼小匙

做法

1. 将调料A装入耐热杯中搅拌，盖上保鲜膜，用微波炉加热1分钟。
2. 将煮蛋去皮，装入塑料袋，注入调料A，挤出袋内空气，封口，放置一夜。

※ 放置一晚后，待煮蛋着色后即可食之。

养成瘦身吃法，有选择地外食不会发胖。

只要坚持瘦身吃法 3 原则，下馆子也尽可选择。推荐含糖分低且营养均衡的套餐。

经常下馆子就不能瘦身吗？只要坚持“瘦身吃法 3 原则”就不必顾虑。只要以青菜、鱼、肉为主，严控碳水化合物即可。另外，只要不吃甜味腌菜，其余的很多菜都是可以吃的。套餐的营养搭配均衡，比单点更好，便于增强体质。下馆子要学会选择瘦身吃法。

点菜迷茫的时候

尽管也知道瘦身吃法 3 原则，那么，如何选择呢？

○

- O 生鱼片套餐
- O 烤鱼套餐
- O 牛舌套餐
- O 牛排套餐（带沙拉）
- O 煎鸡肉套餐（带沙拉）
- O 炸鸡肉（带凉拌包菜）

※ 套餐的米饭量“减半”或“少许”即可。

×

- O 咖喱米饭
- O 意大利面
- O 照烧（鸡肉、汉堡肉）
- O 牛肉盖饭
- O 拉面
- O 汉堡包（带饮料）
- O 天妇罗荞麦面

只要按照顺序吃，吃自助餐也没问题！

实际上我们夫妇在瘦身过程中也经常去吃自助餐。只要按照新鲜蔬菜、加热过的蔬菜、肉、鱼的顺序吃就 OK。米饭吃少许即止。

新鲜蔬菜

首先到沙拉吧去，尽情吃上一顿新鲜蔬菜。沙拉酱一般选择法式酱料。关键看其中的砂糖含量，油的热量并不重要。沙拉中土豆沙拉和通心粉沙拉糖的含量很高，千万要注意回避。

加热过的蔬菜

很多煮菜中糖的含量很高，所以最好选择炒菜和烤菜。选用盐、芝麻油等清淡的调料。另外，蔬菜中的土豆、南瓜和玉米的含糖量很高，这些都应回避，不吃为好。要吃的话，选择清炒为好。

鱼和肉

鱼和肉本身几乎不含糖，可以放开进食。但是，要注意配料中的甜汤汁和酱料里可能含有糖分。应选择较为清淡的配料。

最后再吃米饭。

type

2 微波一热～即成小菜！

预先做好，吃前只需一热即可。
既可暖腹又能升高体温，从而加快新陈代谢。
最关键的是可以心情愉悦轻松进餐！

选用何种容器……

使用适合微波炉用的容器，可直接加热，既简单又方便。重要的是，加热时选用“常温加热”按钮，避免过热。70~80℃最合适。

※ 微波炉上没有常温按钮的时候，加热2~3分钟，然后看情况。最多加热到接近煮沸即可。

微波加热要领

大量加热或单人进餐的时候，挑出即食的部分加热即可。

※ 搪瓷容器在用微波炉加热时需改用专用的耐热容器，或者直接用锅加热。

肉类篇

Neat

清炖肉块

瘦身未必不吃猪肉。
清炖肉块又好看又好吃！

材料（2人份）

猪颈肉（块）…300g
小白菜…2棵
大葱（青叶）…1根
姜（切细丝）…1撮
水…2杯

A
酒…1大匙
中式汤料末…1小匙
盐…半小匙
胡椒…少许

做法

1. 将猪颈肉切成4~5cm的三角块。将整棵小白菜拦腰切断。将茎白部分扇切。
2. 在锅中加入水、猪颈肉、大葱、姜，中火煮炖10分钟。其间撇出煮沸的浮沫。加入调料A，开盖再煮10分钟。
3. 挑出葱、姜，加入小白菜白颈，煮2分钟。撒入少许盐和胡椒（分外量）调味。加入剩余小白菜叶轻煮，熄火出锅入盘。

※ 入微波炉时勿用搪瓷容器，必须使用微波专用容器，或选用锅加热。

肉类篇

什锦味噌炖肉

冷藏
4~5日

猪肉、青菜加味噌乱炖。
身体暖暖，回味无穷。

材料（2人份）

猪肉薄片（切成2~3cm厚）…150g
白萝卜（切成十字片）…6cm
胡萝卜（切成半圆片）…半根
芝麻油…1小匙
水…1杯
日式汤料末…1小匙
味噌…1大匙或2小匙

做法

1. 将薄肉片和芝麻油倒入锅中搅拌，中火加热，待肉变色后，加入白萝卜翻炒，待汁将尽时加水。
2. 将沸时，撇尽浮沫。加入胡萝卜、日式汤料末，煮3~5分钟。加入味噌融化后，出锅入盘。

※ 食用前撒上少许香葱末，味道更佳。

猪肉炖白菜

冷藏
4~5日

朴实无华但经久耐吃。
吃白菜的季节，不可或缺的常规菜品。

材料（2人份）

猪肉薄片（切成两半）…200g
白菜（切成大块）…2~3片
生姜（切成细丝）…1撮
盐、胡椒…各少许

做法

1. 将一半量的白菜入锅，摆入猪肉片，撒上盐和胡椒。加入姜丝后，盖上剩余的一半白菜，加水加盖。
2. 用中火煮沸后，改弱火，加热8分钟。浇上柠檬醋，熄火，出锅入盘。

蒜香猪排

冷藏
4~5日

作为瘦身小菜，简直不可思议。
激励自己不妨去敞开吃一顿！

材料（2人份）

猪排肉…2片
芦笋（切成3~4cm长）…4~5根
大蒜（竖切成4等份）…1瓣
盐、胡椒…各少许
橄榄油…1大匙
酱油、酒、醋…各2小匙

做法

1. 在猪排肉的肥肉一侧间隔3cm半改刀，撒上盐和胡椒。
2. 在平底锅里加入半量橄榄油，中火加热，倒入芦笋轻炒后装入容器备用。
3. 将剩余的半量橄榄油倒入平底锅里。摆入猪排肉，缝隙间摆入蒜片，中火煎制。待猪排的两面着色后，加入调料A，煮1分钟后熄火，倒入步骤2的容器里。

青椒炒肉片

中国菜里的青椒里脊以清脆著称。
加入少许醋更易保存。

冷藏
4~5日

可冷冻

材料（2人份）

猪肉片…200g
青椒（切成细丝）…3个
圆葱（清脆薄片）…半个
生姜（擦成末）…1撮

A | 盐、酱油、醋…各1大匙
味淋…半大匙

做法

1. 将薄肉片拦腰切断，加入调料A搅拌。
2. 在平底锅里加入橄榄油加热，加入肉片用中火翻炒。待肉变色后加入青椒和圆葱翻炒。
3. 待锅中汤汁将尽时，加入生姜和调料B，翻炒2~3分钟。出锅入盘。

香菇炖翅根

冷藏
4~5日

醋和油煮的肉滑嫩可口。
加入香菇等菌类美味倍增。

材料（2人份）

鸡翅根…6~8个
香菇（去根）…4个
盐、胡椒…各少许
橄榄油…半大匙

A
水…半杯
酒、醋…各3大匙
盐…¼小匙
胡椒…少许

做法

1. 用菜刀顺着鸡翅根骨切口，撒入盐和胡椒。香菇大的话可切成两半。

2. 将橄榄油倒入平底锅中，开中火，倒入鸡肉煎炒。着色后加入调料A，加盖后用弱中火煮5分钟。加入香菇再煮5分钟，出锅入盘。

※ 搪瓷容器不适用于微波炉，请使用专用的容器，或改用锅煮。

肉类篇

鸡肉炖芜菁

冷藏
3~4日

肉和蔬菜绝佳搭配的日式炖菜，
加入味噌味道更胜一筹。

材料（2人份）

鸡腿肉（大块）…200g
芜菁（扇切）…3个
芜菁叶（切成3cm长）…适量
橄榄油…1小匙
盐、胡椒…各少许

A
- 豆乳…1.5杯
- 日式汤料粉、味噌…各1小匙
- 盐、胡椒…各少许

做法

1. 将鸡腿肉、橄榄油、盐、胡椒倒入锅中搅拌，中火加热至鸡腿肉变色，加入芜菁、水，盖锅用弱中火煮5分钟。
2. 加入调料A，用弱火煮3分钟。将焯水后挤出水分的芜菁叶加入搅拌，熄火入盘。

生姜炖鸡肉

冷藏
4~5日

生姜炖猪肉的鸡肉版本。
生姜鲜美多汁味道浓郁。

材料（2人份）

鸡腿肉（切成两半）…200~300g
圆葱（切成薄片）… ¼个
生姜（擦泥）…1小撮

A
- 酒…1大匙
- 盐、胡椒…各少许

芝麻油…半大匙

B
- 酱油…1大匙
- 味淋…半大匙

做法

1. 用餐叉在鸡腿肉皮上扎数处小孔，加入调料A揉拌。
2. 将橄榄油倒入平底锅，将鸡腿皮朝下摆入，中火加热3~4分钟。翻过来，放上圆葱丝、生姜、调料B，盖锅再加热3~4分钟。开盖沥干汤汁，熄火，出锅入盘。

汉堡大肉饼

冷藏
4~5日

肉和香肠的完美集合。
胃口大开时的最佳选择。

材料（2人份）

牛猪肉馅儿…200g
维也纳香肠（切成1cm长）…4~5根
圆葱（切末）…¼个
鸡蛋…1个
盐、胡椒…各少许
橄榄油…适量

做法

1. 将牛猪肉馅儿加入盐、胡椒搅拌，再加入圆葱、鸡蛋搅拌，之后加入香肠片搅拌。
2. 在平底锅里涂抹橄榄油，倒入步骤1的食材摊平，将中间部分稍凹。
3. 盖锅，用强火加热2分钟，改弱中火加热6分钟。翻过来，盖锅再加热6分钟。用铝箔纸包裹，冷却后切分入盘。

白菜饺子

冷藏
4~5日

白菜做饺子皮绝对无糖。
关键要让白菜烧至着色。

材料（2人份）

猪肉馅儿…200g
白菜…3片
大葱（切末）…⅓根
盐、胡椒、酱油…各少许
芝麻油…2小匙

做法

1. 选用白菜的菜叶和菜芯切分后焯水沥干。将菜叶（140g）竖切两半。将菜芯（120g）切末沥水。
2. 将调料A倒入肉馅儿中搅拌，倒入大葱、白菜芯末搅拌。最后倒入芝麻油搅拌，分成6等份后，用白菜叶包住。
3. 在平底锅里倒入半大匙（分外量）橄榄油，开中火，将步骤2的菜卷接口朝下摆入锅中，煎3分钟，翻过来，盖锅，用弱中火加热2~3分钟。开盖，翻煎至全部菜卷着色。出锅入盘。

※ 可根据个人喜好，蘸食酱油、醋、辣椒油（适量），味道更佳。

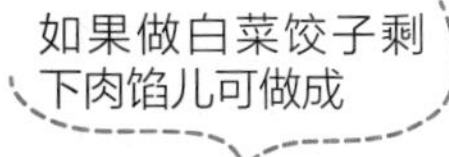

汉堡肉饼

冷藏
3~4日

在专用容器里涂抹橄榄油，倒入肉馅儿，轻轻盖上保鲜膜，用微波炉加热即可。
加热时间标准为每100g加热1分30秒。

新做法

1. 肉馅儿200g，圆葱（切末）半个，蛋黄酱1大匙，盐、胡椒各少许，搅拌。
2. 在专用容器里涂抹少许橄榄油，倒入肉馅儿抹平，将中间部稍凹。
3. 轻轻盖上保鲜膜，用微波炉加热4分钟。待完全冷却后入盘。

※ 切分后，摆上焯水后的西蓝花，既好看又好吃。可蘸食萝卜泥和橙醋酱油，味道更佳。

番茄煮牛肉

冷藏
3~4日

切剩下的牛肉也可以做成美味佳肴。
连汤带肉饱腹舒心。

材料（2人份）

牛肉（切剩的）…200g
番茄（扇切）…1个
圆葱（扇切）…半个
盐、胡椒…各少许
橄榄油…1小匙
水…1杯

A
醋…1大匙
洋汤料粉…1小匙
盐、胡椒…各少许

洋芹干末（可选）…适量

做法

1. 将盐和胡椒撒入牛肉中搅拌后，分成8等份块状。
2. 在平底锅中倒入橄榄油，开中火，倒入牛肉（不翻动煎1分钟）。待牛肉着色后，翻动至全部着色，加入圆葱和水。
3. 煮沸时撇出浮沫，加入调料A。盖锅，用弱中火煮6~8分钟。撒入盐和胡椒各少许（分量外）调味后，加入番茄，轻煮后出锅入盘。最后可选撒洋芹干末。

蘑菇炒牛排

冷藏
3~4日

菌类瘦身效果有口皆碑。
选用舞菇味道更佳。

材料（2人份）

牛排肉…200g
舞菇（掰成小朵）…1袋
小葱（切成3~4cm长）…10根
盐、胡椒…各少许
橄榄油…2大匙
A | 橙醋酱油…3大匙
  | 酒、水…各2大匙

做法

1. 将盐和胡椒撒入牛肉。在平底锅里倒入橄榄油，开中火，倒入牛肉煎之。
2. 待肉变色，加入舞菇，用弱中火煎炒2分钟。加入调料A，煮沸后加入小葱段，熄火，出锅入盘。

鱼类篇

Seafood

芝士酱炖三文鱼

冷藏
3~4日

芝士酱炖味道浓郁。
自制比成品更能控制糖分。

材料（2人份）

生三文鱼（切成大块）…2块
彩椒（切成2~3cm的三角块）…1个
奶油芝士…60g
水…半杯
A | 洋汤料末…1小匙
　| 盐、胡椒…各少许

做法

1. 锅中加水，中火煮沸后加入三文鱼煮3分钟，撇出浮沫。加入彩椒和调料A，盖锅加热2~3分钟。
2. 将奶油芝士用微波炉加热30秒，待其软化后加入1大匙煮汤使其融化。再将之倒入步骤1的食材中，小火煮1分钟。加入盐和胡椒各少许（分外量）调味。出锅入盘。

高汤旗鱼

冷藏
3~4日

自制高汤味道浓，
炖鸡炖肉均可用。

材料（2人份）

旗鱼（切成一半）…2块
白萝卜（切成1cm厚的半圆片）…6cm
大葱（斜切成薄片）…1根
生姜（切成薄片）…1小块
水…1.5杯
白汤酱油…1.5大匙
盐…少许
醋…1大匙

做法

1. 在锅里加入水和白萝卜，中火煮沸后改小火，开盖煮10分钟。加入旗鱼再煮3分钟。
2. 撇出浮沫，加入白汤酱油和盐调味，加入大葱和酱油煮1~2分钟。加入醋，煮沸即熄火，出锅入盘。

清炖白鱼肉

清炖加咸菜，
朴实更回味。

冷藏
3~4日

材料（2人份）

白鱼肉（切成大块）…2块
嫩豆腐（切成6等份）…半大块
蟹味菇（掰成小朵）…半盒
腌野泽菜（切成1cm长）…60g
水…1.5杯
日式汤料末…1小匙
盐、胡椒…各少许

做法

1. 锅中加水，中火煮沸，加入白鱼肉煮2分钟，撇出浮沫。
2. 加入嫩豆腐、蟹味菇、腌野泽菜、日式汤料末，弱中火煮2~3分钟。加入盐和胡椒调味，熄火出锅入盘。

章鱼关东煮

冷藏
3~4日

关东煮中低糖的组合，
可以配以白萝卜、牛筋或魔芋丝，味道更佳。

材料（2人份）

煮熟的章鱼…160g
魔芋（不含杂质）…半片
煮蛋…2个

A
- 水…2杯
- 日式汤料末…2小匙
- 酱油…1小匙
- 盐…¼小匙

做法

1. 将煮熟的章鱼切成大块。将魔芋浅刀划上格子后切成三角块。
2. 将调料A和魔芋倒入锅中，中火煮沸，加入章鱼，用小火煮10分钟。加入煮鸡蛋，熄火出锅入盘。

※ 搪瓷容器不能用于微波炉，用微波炉加热时请用专用容器，或改用锅煮。

豆腐披萨

冷藏
3~4日

用油炸豆腐替代披萨饼确保无糖。
芝士和香肠尽情畅吃即可。

材料（2人份）

油炸豆腐（切成两半）…4片
小番茄（切成两半）…1个
维也纳香肠（斜切）…4根
扁豆（斜切成薄片）…4根
披萨用芝士…40g

做法

1. 在烤盘上铺上锡箔纸，摆上油炸豆腐。
2. 在油炸豆腐上摆上小番茄、香肠、扁豆，披萨用芝士，预热至200℃后开始加热5分钟。

※ 要双面烤制，即每面各烤4~5分钟。
※ 冷冻的情况下，请分块用锡箔纸包好，直接用烤箱解冻和加热。

奶汁烤豆腐

直接在专用容器中烤制后保存，
油炸豆腐块更加饱满美味。

冷藏
3~4日

材料（2人份）

略炸一层的豆腐块（切成1cm厚）
…1块
金枪鱼罐头（油浸）…1罐（75g）
秋葵（切成1cm长）…4根
鸡蛋…1个
披萨用芝士…40g
橄榄油…适量
盐、胡椒…各少许

做法

1. 用厨房用纸将油炸豆腐上的油分吸干，沥干金枪鱼罐头里多余的油分。
2. 在专用容器里轻涂一层橄榄油，摆入油炸豆腐、秋葵、金枪鱼，撒上盐和胡椒。均匀浇上鸡蛋汁液，放上披萨用芝士。烤箱预热至200℃后加热15分钟。

※ 用烤箱时先烤8分钟之后，趁蛋液尚未凝固之前，加盖锡箔纸后再加热3分钟。
※ 加热时可选用烤箱，或选用专用容器加盖保鲜膜后用微波炉加热。

肉片包菜卷

冷藏
4~5日

不用煮照样色泽鲜艳，
保存后食用更加入味。

材料（2人份）

包菜…3片

薄猪肉片…100g

A
- 水…半杯
- 洋汤料粉…1小匙
- 盐、胡椒…各少许调料

B
- 醋…2大匙
- 橄榄油…半大匙

做法

1. 将锅里的水煮沸后加入少许盐（分外量），加入包菜煮1~2分钟，用漏勺出锅沥水，切成两半。用同锅的热水焯一下肉片，出锅。
2. 用1张包菜包⅙量的肉片卷起（包菜芯切出与肉片一起包入），摆入盘中。
3. 将调料A倒入锅中，中火加热至将近沸腾时熄火，加入调料B搅拌后，倒入步骤2的食材中。

蒜香白萝卜烤肉

冷藏
4~5日

解馋又饱腹的组合。
培根的味道更浓更好吃！

材料（2人份）

白萝卜（切成1cm厚圆片）
魔芋（不含杂质）…半片
厚切培根（切成4~5cm）…1片
大蒜（切半）…1瓣
橄榄油…半大匙
粗黑胡椒末…少许

做法

1. 将白萝卜片用锡箔纸包裹后用微波炉加热2分钟。将魔芋切成一半长，再切成一半厚。
2. 在平底锅里倒入橄榄油和大蒜片，中火加热，待蒜香出味时，将白萝卜挤干水分摆入锅中，加入培根和魔芋。
3. 加入橙醋酱油，开锅即熄火，入盘撒上黑胡椒末。

※ 可根据口味撒上香葱末，味道更佳，

选低糖酒，畅饮无忧！

适量饮酒可以降低血糖值。注意下酒零食即可无忧。

有报告认为，酒精被认为不含热量，难以在体内贮存，适量饮酒可以降低血糖值。酒精本身不会使人发胖。换言之，只要远离含糖量高的日本酒和啤酒以及下酒的小吃就可以。多吃小吃可以防止喝过量。尽兴畅饮可以缓解压力和烦恼！

如果想喝酒的话……

- O 烧酒
- O 葡萄酒（辣口）
- O 泡沫酒
- O 威士忌、白兰地
- O 无糖啤酒

- O 日本酒
- O 啤酒
- O 果酒
- O 绍兴酒

下酒小吃对决

酒席上选择哪种小吃？

○	×	
盐烤鸡肉串	汁烤鸡肉串	鸡肉无糖。浇汁含糖，盐烤为好。
毛豆	银杏	银杏含糖量高。毛豆有助于将糖分转化为能量。
炸鸡块	炸蛎黄	炸鸡块挂糊较薄。炸蛎黄挂糊很厚。
黄油炒菠菜	黄油炒玉米	同样做法，因食材不同含糖量相差悬殊。
冷豆腐	肉汁豆腐	肉豆腐的汤汁含糖，需注意。
生鱼片	酱煮青花鱼	生鱼片富含酵素有益健康。应该吃盐烤青花鱼，替代酱煮。
涮肉	日式牛肉火锅	涮肉的糖分是牛肉火锅的一半。关键在于甜汤汁。

type

3 “生鲜小菜直接冷冻” 解冻加热即食，省时省事！

忙得不可开交的时候冷冻小菜大受青睐。

食材切好配齐→冷冻→微波炉加热，只需 3 步走，小菜即入口！经过冷冻更加入味，较之现做现吃味道更佳。

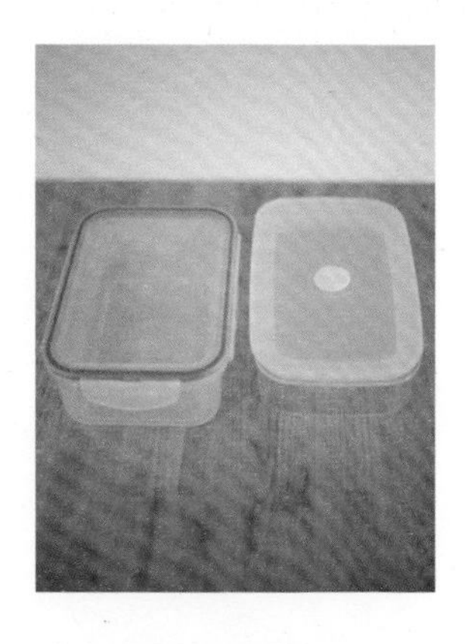

选用何种容器……

同一个菜先冷冻再微波，必须选用既适用冷冻又适用微波炉的专用容器。冷冻时间一般为 1 个月（超过 1 个月虽然外观不变味道可能稍逊）。

微波加热要领

开盖后盖上保鲜膜，先用微波炉加热至半解冻状态。有的小菜为防止加热时结块，加热前需搅拌或翻转，然后再加热几分钟使其热透。

有关加热步骤，请参见 加热方法。

肉类篇

Neat

生姜烧肉片

冷冻肉柔软滑嫩，
配生姜鲜香入味。

材料（2人份）

薄切猪肉片（切成一半）…200g
圆葱（切成薄片）…半个
生姜（擦成末）…1小块
A 酒、酱油、味淋…各1大匙
　盐、胡椒…各少许

做法

将⅓量的圆葱铺入容器中，上盖半量的肉片。再将剩余的食材按圆葱、肉片、圆葱的顺序依次加盖。将酱油加入调料A搅拌后均匀洒入，加盖冷冻。

加热方法

开盖后轻轻加盖保鲜膜，用微波炉加热5分钟。搅拌后再加热4分钟。原封放置1~2分钟，使其焖蒸透即食。

芝士蒸肉片

芝士化入肉片深层入味，
微波一下即成美味佳肴。

材料（2人份）

猪肉薄片（切成两半）…200g
芝士片…4片
芸豆（斜切成薄片）…2根
盐、胡椒…各少许

做法

在专用容器里依次摆入芸豆和猪肉片，撒上盐和胡椒。摆上鸡腿菇和芝士片，加盖冷冻。

加热方法

开盖后盖上保鲜膜，微波加热5分钟。上下翻转后再加热4分钟。放置2分钟使其蒸透。

容器装得过满的话，不易加热，请不要装得过满。

最后盖上芝士片冷冻。加热时芝士开始融化，肉片解冻后，上下翻转后再加热。

葱香鸡肉

大葱炖烂，葱香沁入鸡肉，尽显美味！

材料（2 人份）

鸡肉（切成小块）…200g

大葱（斜切成 1cm 厚片）…1 根

酒、芝麻油…各 1 大匙

中式汤料粉…半小匙

盐、酱油…各少许

做法

将全部食材倒入专用容器搅拌后加盖冷冻。

加热方法

开盖后加盖上保鲜膜，微波加热 4 分钟。全部搅拌后，再加热 3 分钟。放置 1~2 分钟使其蒸透。

鸡胸脯肉卷

为缩短加热时间鸡胸脯肉卷得要松。
加入奶油芝士美味可口！

材料（2人份）

鸡胸脯肉…4根
辣腌明太子（去皮）…1块（80g）
奶油芝士（切成4等份）…30g
小油菜（切成3~4cm长）…3棵
盐、胡椒…各少许
橄榄油…2大匙

做法

1. 将鸡胸脯肉剖切翻开，去筋后撒上盐和胡椒。均匀涂抹辣腌明太子后，放上奶油芝士，卷包起来。

2. 将油菜铺入专用容器，将步骤1的食材接口朝下摆入其中，洒上橄榄油，加盖冷冻。

加热方法

开盖后加盖上保鲜膜，微波加热5分钟。上下翻转后，加热3分钟。再次翻转加热3分钟。放置1~2分钟使其蒸透。

包菜蒸肉饼

单独用包菜包住肉馅儿。
包菜卷吃出烧卖味儿。

材料（2人份）

包菜…2片
猪肉馅儿…200g
大葱（切末）…半根
鸡蛋…1个
盐、胡椒…各少许

做法

1. 将包菜取出菜芯后横竖各切一刀（可切成八块）。将菜芯切末。
2. 将猪肉馅儿加上盐和胡椒搅拌后，加入菜芯末、大葱和鸡蛋充分搅拌。
3. 用每2片菜叶包混合肉馅儿的¼（共包4个）。加盖冷冻。

加热方法

开盖加盖上保鲜膜，微波加热5分钟。放置2分钟后再加热3分钟。放置1~2分钟蒸透。

麻婆芸豆

多加汁，防止加热时肉馅儿结块。
一定要用生菜叶包着吃才美味。

材料（2人份）

猪肉馅儿…200g
芸豆（切成1cm长）…10根
大葱（切末）…半根
A 酒…1大匙
豆瓣酱、味噌…各1小匙
盐、胡椒…各少许
芝麻油…1大匙

做法

将除芝麻油以外的全部食材装入专用容器搅拌，最后加入芝麻油搅拌。加盖冷冻。

加热方法

开盖后加盖上保鲜膜，微波加热4分钟。整个搅拌后再加热2分钟。放置1~2分钟使其蒸透。

秋葵牛肉卷

解冻加热不费时简单方便。
切记装入容器时不宜过紧。

材料（2人份）

涮肉用牛肉片…4张（约100g）
秋葵（去掉花萼）…8根
盐、胡椒…各少许

A | 醋…2大匙
  | 酱油、芝麻油…各半大匙

做法

用涮肉用的牛肉片将秋葵卷包起来，稍留间隔摆入专用容器。加入盐和酱油，洒上调料A。加盖冷冻。

加热方法

开盖加盖上保鲜膜，微波加热5分钟。上下翻转，使其蒸透。

牛肉丝炖圆葱

用料丰富讲究味道好。
牛奶替代奶油更入味。

材料（2人份）

牛肉丝…200g
番茄块罐头…半罐（约200g）
口蘑（切成薄片）…3个
圆葱（切成薄片）…半个

A
- 牛奶…2大匙
- 洋汤料末…1小匙
- 盐…¼小匙
- 胡椒…少许

做法

将全部食材放入专用容器搅拌，加盖冷冻。

加热方法

开盖加盖上保鲜膜，微波加热6分钟。整体搅拌后再加热4分钟。再次搅拌后加热2分钟。放置1~2分钟使其蒸透。

※可根据个人喜好撒上洋芹干末（适量）。

海鲜篇

Seafood

番茄虾仁

微波完成中餐名菜！
连汤带汁美味尽尝。

材料（2 人份）

大虾虾仁…10 只

大葱（切丝）…半根

A
- 番茄酱、芝麻油…各 1 大匙
- 豆瓣酱…1~2 小匙
- 中餐调料粉…1 小匙
- 盐、酱油、酒…各少许

做法

将全部食材搅拌后加盖冷冻。

加热方法

开盖加盖上保鲜膜，微波加热 4 分钟。整体搅拌后再加热 3 分钟。放置 1~2 分钟使其蒸透。

意式水煮三文鱼

冷冻后微波制作洋名菜。
蒜香海鲜三文鱼富营养。

材料（2 人份）

生三文鱼…2 大块

蛤蜊（洗净泥沙）…10 个

小番茄（切成两半）…6 个

蟹味菇（掰成小朵）…半袋

大蒜（切成薄片）…1 瓣

A
- 酒…3 大匙
- 洋汤料粉…1 小匙
- 盐、胡椒…各少许

橄榄油…半大匙

盐、胡椒…各少许

做法

将生三文鱼装入容器，撒上盐和胡椒，摆上蒜片，再放入蛤蜊、小番茄、蟹味菇，加入调料 A。最后洒上橄榄油，加盖冷冻。

加热方法

开盖加盖上保鲜膜，微波加热 5 分钟。放置 2 分钟后再加热 5 分钟。放置 1~2 分钟使其蒸透。

※ 可根据个人喜好撒上洋芹干末食用。

在三文鱼上撒上盐和胡椒，摆上蒜片。这样可以消除三文鱼的腥味。

最后洒上橄榄油。解冻后，加热至蛤蜊开口即可。

番茄煮鱿鱼

鱿鱼清脆，番茄溢香。
简单烹饪，即成佳肴。

材料（2人份）

鱿鱼…1条
番茄块罐头…¼罐（约100g）
青椒（切丝）…1个
圆葱（切成薄片）…¼个
A 橄榄油…1大匙
A 洋汤料粉…1小匙
A 盐、胡椒…各少许

做法

1. 将鱿鱼洗净，清除内脏和软骨，将其身子切成2cm圆圈片。将其爪部切成3~4cm长。
2. 将步骤1的食材装入容器搅拌后，加盖冷冻。

加热方法

开盖后加盖上保鲜膜，微波加热4分钟。整体搅拌，再加热3分钟。放置1~2分钟使其蒸透。

章鱼炒舞菇

章鱼适宜冷冻，
炒后出汁味浓。

材料（2人份）

水煮后的章鱼（切成薄片）…180g
舞菇（掰成小朵）…1袋（约80g）
大蒜（切末）…1瓣
红辣椒（切成小块）…1根

A
- 橄榄油…1大匙
- 酱油…1小匙
- 盐、胡椒…各少许

做法

将全部食材装入容器搅拌，加盖冷冻。

加热方法

开盖后加盖上保鲜膜，微波加热3分钟。整体搅拌后不盖保鲜膜加热2分钟。

什锦蛋包

鸡蛋配食材极易冷冻。
切记加热时在食材上加盖保鲜膜。

材料（2人份）

鸡蛋…2个
维也纳香肠（切成1cm厚）…6根
彩椒（切成2cm的三角块）…1个
芝士粉…1大匙
盐、胡椒…各少许
橄榄油…半大匙

做法

将全部食材装入容器中搅拌后加盖冷冻。

加热方法

开盖后加盖上保鲜膜，微波加热3分钟。整体搅拌后在食材上直接加盖保鲜膜加热2.5分钟。放置1~2分钟使其蒸透。

金枪鱼大豆蛋包

看似无关的两种食材完美组合。
大豆软嫩滑爽显得更加美味。

材料（2人份）

鸡蛋…2个
大葱（切末）…⅓根
金枪鱼罐头（无油）…1罐（75g）
蒸大豆（成品）…60g
芝麻油…半大匙
盐、胡椒…各少许

做法

将全部食材装入容器搅拌后加盖冷冻。

加热方法

开盖加盖上保鲜膜，微波加热3分钟。整体搅拌后在食材上直接加盖保鲜膜，再加热2.5分钟。放置1~2分钟使其蒸透。

油炸豆皮泡菜包

油炸寿司豆皮做皮填料。
无需调味料即成美味菜。

材料（2人份）

油炸豆皮（寿司用）…8个用量
白菜泡菜（切碎）…40g
金针菇（对半切断）…1袋
披萨用芝士…80g

做法

将白菜泡菜、金针菇、披萨用芝士搅拌后分成8等份，分别填入油炸豆腐包里，摆入容器，加盖冷冻。

加热方法

开盖后加盖上保鲜膜，微波加热4分钟。为使加热均匀，调整食材位置后再加热2分钟。放置1~2分钟使其蒸透。

新创篇

白菜炒油炸豆腐

简单的食材组合，
有多余食材时，不妨试做品尝。

材料（2人份）

白菜（切块）…1片
油炸豆腐（切成2cm厚）…2张
A 水…3大匙
醋…1大匙
酱油…2小匙
日式汤料粉…1小匙
芝麻油…1大匙

做法

将白菜和油炸豆腐装入容器，加入调料A。最后洒上芝麻油，加盖冷冻。

加热方法

开盖后加盖上保鲜膜，微波加热4分钟。整体搅拌后，再加热3分钟。

嘴馋时吃点零食，有些东西可以吃。

喝着热饮细嚼慢咽。轻轻松松喝下午茶。

嘴馋时过分强忍会增加焦虑。换个说法，“如此强忍全是为了面子，还不如痛吃一顿拉面（或甜点）”，反反复复满腹抱怨。偶然吃一顿拉面，回头再继续强忍节食，往往功亏一篑瘦身失利。

根据以往的经验总结，馋嘴的时候不妨喝些热饮吃点什么。吃些热量较高平时不吃的芝士或坚果，吃些含糖量高的也未尝不可。可吃的零食还是很多的，不必拘泥。

喝着热饮轻轻松松

最好在吃零食的时候，同时配以红茶、香叶茶或绿茶。既轻轻松松又可以暖腹，使体温升高，气血旺盛。

如何选择瘦身零食？

〇

可以选择芝士、坚果类、巧克力。巧克力虽含糖，但可可脂含量超过 70% 的含糖量偏少。坚果类可选无盐烤的。我就经常吃水煮蛋。

×

饼干和蛋糕都含有砂糖和小麦粉，含糖量极高。薯片的含糖量也是顶级的。此外，仙贝、花林糖、法式煎饼、面包等也应回避。

非常想吃甜食的时候……

道理都懂，就是忍不住想吃的时候，没必要一味强忍着，如果心理焦虑反而更容易发胖。要吃的话就选择含糖量较低的咖啡果冻、芝士蛋糕什么的。泡芙和布丁的含糖量也较低。注意不要吃过量就可以。

4 单人量的冷冻单点小菜，信手拈来！

将炒饭和炒面之类的单点饭菜做成单人份冷冻起来，吃的时候信手拈来，简单轻松。就碳水化合物的量来说，豆渣和西葫芦容易充数，一般约占一人份的一半。

选用何种容器……

必须选用既能冷冻又能微波加热的保存容器。

吃不过量的诀窍

分成一人份，让平时不会做饭的老公也能简单加热食用，轻松方便。一人份限量，不必担心吃过了量。

加热的诀窍

加热的时候，开盖后加盖上保鲜膜，使用微波炉上的自动加热功能即可。也可以加热5分钟后，根据情况再适当地追加加热时间。

整番茄焖米饭

番茄不用切直接烹饪。
焖出西式炖饭和西式炒饭的美味。

材料（2人份）

米（免洗米）…0.2L
大麦…40g
番茄（去掉花萼）…1小个
培根（切成薄片）…1片
口蘑（切成薄片）…4个
A
水…1.5杯
橄榄油…半大匙
洋汤料粉…1小匙
盐、胡椒…各少许
芝士粉…1~2大匙

※用非免洗米时，请先淘洗干净后再入锅。
※大麦可到超市或专门店购买。

做法

1. 将米、大麦和调料混合后倒入电饭锅中，将番茄放到中间，周围依次摆放培根、口蘑后开始煮饭。煮熟后加入芝士粉搅拌。
2. 各分成1人份摆入容器，冷却后加盖冷冻。

每0.1L大米配20g大麦。大麦富含矿物质和膳食纤维，有益瘦身。

出锅后撒入芝士粉，使其入味。

单点小菜

菌菇焖米饭

鸡腿肉加菌菇五彩斑斓。
米饭不多吃得美味饱腹！

材料（2人份）

米（免水洗）…0.2L
大麦…40g
鸡腿肉（切成小块）…150g
蟹味菇（掰成小朵）…1袋
金针菇（切成1cm长）…1袋
大葱（切末）…⅓根
生姜（切末）…1撮
A
白汤汁…4大匙
水…1.5杯

做法

1. 在电饭锅里加入米、大麦、调料A搅拌。然后放上鸡腿肉、蟹味菇、金针菇、大葱、生姜，煮饭。
2. 各分成1人份摆入容器，冷却后加盖冷冻。

※可根据口味撒上适量香葱末，色味俱佳。

肉末炒饭

用油炒制的炒饭，含糖量远低于白米饭。
可以多加些肉开开荤。

材料（2人份）

大麦米饭…1碗
猪肉馅儿…120g
胡萝卜（切末）…半根
香菇（切末）…3个
大葱（切末）…⅓根
芝麻油…1大匙
A 中式汤料粉…1小匙
盐、胡椒、酱油…各少许

做法

1. 在平底锅里倒入芝麻油，开中火，加入猪肉馅儿、酱油少许（分外量）拌炒。
2. 待肉变色，加入胡萝卜、香菇、大葱。加入大麦米饭搅拌，加入调料A调味。
3. 各分成1人份摆入容器，冷却后加盖冷冻。

大麦米饭的烹制方法

以0.1L白米配20g大麦的比例入锅，搅拌均匀后适量加水烹制。

鸡肉米饭

瘦身人士的最爱。
用大麦米饭炒什锦吃得更带劲儿。

材料（2人份）

大麦米饭…1碗
鸡胸肉（切成1~2cm的三角块）…150g
圆葱（切成薄片）…¼个
口蘑（切成薄片）…4个
A 鸡蛋…2个
　盐、胡椒…各少许
橄榄油…1大匙
番茄酱…2大匙
盐、胡椒…各少许

做法

1. 在平底锅里倒入橄榄油的半量，开中火，倒入调料A搅拌，至半熟状出锅备用。
2. 在空锅中倒入剩下的橄榄油，开中火，翻炒鸡胸肉。待肉变色后加入圆葱和口蘑。
3. 加入番茄酱微煮，倒入大麦米饭翻炒。撒上盐和胡椒调味。
4. 各分成1人份摆入容器，盖上步骤1的食材。待其冷却后加盖冷冻。

章鱼泡菜炒饭

简单无比的米饭。
加上滚圆的章鱼丁更有嚼头。

材料（2人份）

大麦米饭…1碗
水煮章鱼（切块）…150g
白菜泡菜（切块）…40g
芝麻油…半大匙
酱油…少许

做法

将全部食材搅拌后，按1人份分别放入容器中，待其冷却后加盖冷冻。

虾仁舞菇炒饭

舞菇富含色素黑亮时尚。
色香味俱全回味无穷。

材料（2人份）

大麦米饭…1碗
虾仁…100g
舞菇（掰成小朵）…1袋（约100g）
芦笋（斜切薄片）…2根
A｜酒、盐、胡椒…各少许
橄榄油…2大匙
酱油、酒…各1大匙

做法

1. 将调料A洒入虾仁浸味，揩干水分。
2. 在平底锅里倒入橄榄油，开中火，倒入虾仁炒制。待变色后，加入舞菇和芦笋拌炒。加入酱油和酒炒1分钟，撒上盐和胡椒（分外量）调味。
3. 将步骤2的食材加入大麦米饭搅拌。按1人份分别放入容器中，待其冷却后加盖冷冻。

西葫芦辣椒意大利面

西葫芦刮成面状薄片，既好看又好吃，相得益彰。

材料（2人份）

意大利面…100g
西葫芦（切成面状薄片）
大蒜（切成薄片）…1瓣
橄榄油…1大匙
盐、胡椒…各少许

做法

1. 锅水煮沸，以比例1L水加2小匙盐（分量外）调味，将意大利面对折后入锅。煮制时间参照包装上的标识。
2. 在平底锅里倒入橄榄油和大蒜，开中火，蒜香出味后，加入西葫芦炒制。加入红辣椒和¼杯意大利面煮汁煮沸。
3. 将煮熟的意大利面加入步骤2的食材中炒制，加盐和胡椒调味。按1人份分别放入容器中，待其冷却后加盖冷冻。

茄子培根意大利面

将杏鲍菇竖撕成条，为面增色。100g意大利面可供2人食用。

材料（2人份）

意大利面…100g
茄子（切成小块）…2根
厚切培根（切成3cm厚）…2片
杏鲍菇（竖撕）…4根
番茄块罐头…半罐（约200g）
橄榄油…半大匙
盐、胡椒…各少许

做法

1. 锅水煮沸，以比例1L水加2小匙盐（分量外）调味，将意大利面对折后入锅。煮制时间参照包装上的标识。
2. 在平底锅里加入橄榄油，开中火，加入茄子、圆葱、培根翻炒。加入杏鲍菇和番茄块罐头煮3分钟。
3. 加入煮熟的意大利面搅拌，加入盐和胡椒调味。按1人份分别放入容器中，待其冷却后加盖冷冻。

用西蓝花增色添彩！

金枪鱼酸奶通心粉

通心粉80g可供2人食用，外加1棵西蓝花增色。
用金枪鱼罐头、酸奶和芝士粉入味。

盐烤肉盖饭

米饭在下蓬松显饱满。
配菜在上多彩又奢华。

材料（2人份）

猪肉薄片…200g
青椒（斜半切）…8根
大葱（斜切薄片）…1根
A | 酒…1大匙
　| 盐、胡椒、大蒜粉…各少许
橄榄油…半大匙
大麦米饭…1碗

做法

1. 在平底锅里倒入橄榄油，开中火，加入肉片和青椒翻炒。待肉变色时，加入大葱拌炒。
2. 大葱炒软后加入调料A炒拌1分钟。
3. 按1人份分别放入容器中，浇上步骤2的食材，待其冷却后加盖冷冻。

豆渣大阪烧

用豆渣取代面粉。
多加鸡蛋烤制，既好看又好吃。

材料（2人份）

鸡蛋…3个
豆渣粉…3大匙
包菜（切末）…2片
五花肉…100g
盐、胡椒…各少许
橄榄油…1大匙

做法

1. 将鸡蛋、豆渣粉、包菜、盐、胡椒搅拌均匀。
2. 在平底锅里倒入橄榄油，开中火，加入步骤1的食材，抹平后，平铺上五花肉。加盖烤2分钟。上下翻转后，改弱中火烤3分钟。
3. 冷却后切分装入容器，加盖冷冻。

※ 食用前浇上适量专用酱汁。

盐烤肉炒面

肉菜丰盛，五彩斑斓。
分不清是炒菜还是炒面。

材料（2 人份）

炒面用蒸面（切成半长）…1 袋
薄切猪肉片（切成 1cm 宽条）…150g
包菜（切块）…2 片
金针菇（掰成小朵）…2 袋
圆椒（切丝）…2 个
芝麻油…半匙
盐、胡椒、大蒜粉…各少许
中式汤料粉…1 小匙

做法

1. 在平底锅里加入芝麻油，开中火，加入猪肉片翻炒，加入盐、胡椒、大蒜粉调味。加入蒸面、包菜、金针菇搅拌，加盖焖蒸 1 分钟。
2. 开盖后加入中式汤料粉和圆椒拌炒，加入少许盐和胡椒（分外量）调味。
3. 按 1 人份分别放入容器中，待其冷却后加盖冷冻。

明太子牛油果炒乌冬面

魔芋丝炒出香味。
明太子牛油果竞相超群。

材料（2 人份）

水煮乌冬面…1 袋
魔芋丝…1 袋
明太子（去皮）…1 袋（2 条）
牛油果（切块）…1 个
橄榄油…1 大匙
牛奶、芝士粉…各 2 大匙
盐、胡椒…各少许

做法

1. 将魔芋丝置于菜板，切成两半，装入漏勺。
2. 在平底锅里倒入橄榄油，开中火，加入魔芋丝，翻炒 1 分钟。再加入乌冬面翻炒 2~3 分钟。
3. 将明太子与牛奶和芝士粉搅拌均匀，加入步骤 2 的食材，再加入牛油果翻炒 1~2 分钟。撒入盐和胡椒调味。按 1 人份分别放入容器中，待其冷却后加盖冷冻。

※ 食用时可撒上适量海苔丝。

预先做好的瘦身小菜，做便当也可轻松快乐。

早上，只需装进饭盒，轻松简单即成便当，令那些想瘦身的或想让老公瘦身的人趋之若鹜。

将瘦身小菜预先备好，做便当也轻松简单，再也不用为午饭的选择而犯愁了。除米饭类以外，想吃什么就尽情装进便当盒。天天饱食，再也不必为瘦身而焦虑。

有的小菜制作过程中常渗出汤汁，请沥干后再装入便当盒。保存时间超过 4 天的话，一定要重新回锅。

蔬菜和菌菇类直接冷冻，用时自然解冻或用微波解冻简单方便，随心所欲做瘦身小菜，这种方法颇受欢迎。配料也很重要。别忘了嘱咐老公吃饭的时候照如下顺序——“1st → 2nd → 3rd”。

腌渍小油菜

材料（2 人份）

小油菜（切成 3cm 长）…半把

酱油…1 小匙

1. 将小油菜浇上酱油，装入专用的冷冻袋，排出空气，封口冷冻。
2. 取出食用的部分，自然解冻，挤干水分。

瘦身便当实例 1

3 层便当

按照新鲜蔬菜、加热过的蔬菜、肉和米饭的顺序进食。
便当花样繁多，吃的顺序不能变！

1st

番茄要揩干水分

p.28“凉拌菜花番茄”中的番茄配上适量生菜。

2nd

p.28“凉拌菜花番茄”中的菜花配上秋葵。

简单小菜
腌渍小油菜

3rd

多吃些肉也 OK!

p.44“生姜炖鸡肉”
p.83“整番茄焖米饭”

瘦身便当实例 2

便当配小饭团

便当配上小饭团！实际只有 1 个鸡蛋。
看起来饭量多，这是个窍门。

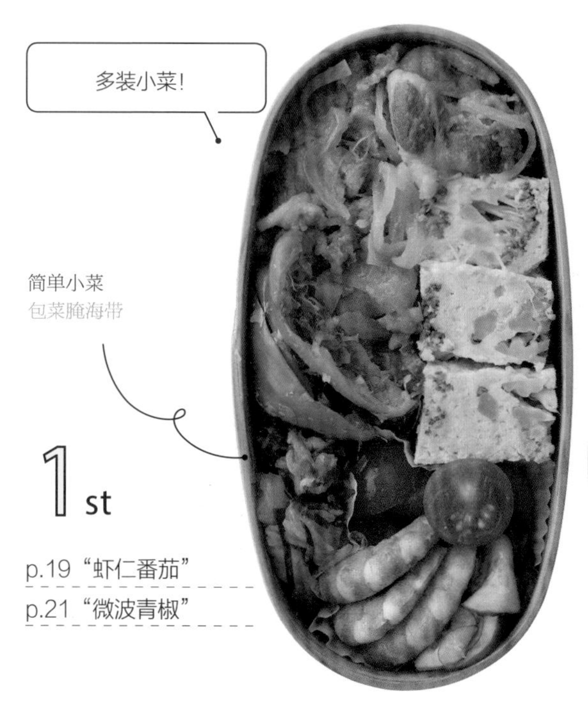

多装小菜！

简单小菜
包菜腌海带

1st

p.19“虾仁番茄”

p.21“微波青椒”

2nd

p.10“法式鸡肉酱糜”

p.63“生姜烧肉片”

3rd

p.31“咖喱蛋”做小饭团

（只用了 100g 大麦米饭）

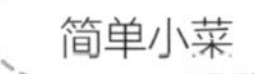

简单小菜

包菜腌海带

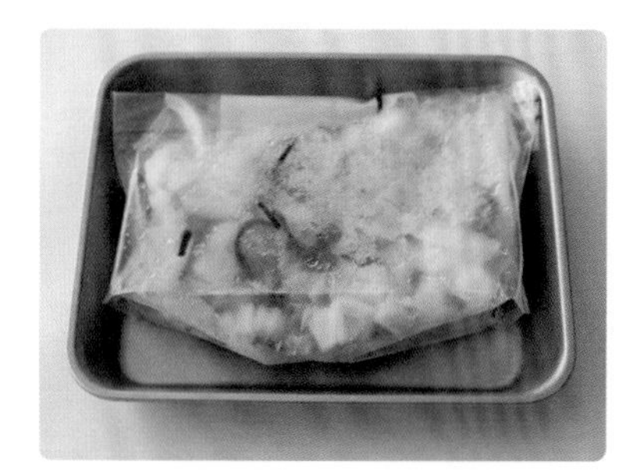

材料（2 人份）

包菜（切块）…3 片

咸海带…2 撮

1. 将包菜和咸海带搅拌后，装入专用冷藏袋，排出空气，封口冷冻。
2. 取出食用的部分，自然解冻，挤干水分。

瘦身便当实例 3

什锦便当

究竟何谓瘦身便当，
本人也许早已吃过。

1st
p.27“西芹炒金枪鱼”

简单小菜
拌群菇

2nd
p.40“蒜香猪排”

3rd
p.85“鸡肉米饭”

最后加鸡肉米饭

简单小菜

拌群菇

材料（2 人份）

鸡腿菇…1 根
蟹味菇…半袋
金针菇…半袋

A | 醋、味淋…各 2 大匙
橄榄油…1 大匙

1. 将材料搅拌后装入专用冷藏袋，排出空气，封口冷冻。
2. 每次取出 1 撮（约 50g），装入专用容器后盖上保鲜膜加热 1 分钟。

※ 待冷却沥水后，装入便当盒。

图书在版编目（CIP）数据

老公减肥食单 /（日）柳泽英子著 ; 郭雅馨译 . --
青岛 : 青岛出版社 , 2017.11
ISBN 978-7-5552-5927-5

Ⅰ . ①老… Ⅱ . ①柳… ②郭… Ⅲ . ①减肥－食谱
Ⅳ . ① TS972.161

中国版本图书馆 CIP 数据核字 (2017) 第 256988 号

书　　名　老公减肥食单
著　　者　（日）柳泽英子
译　　者　郭雅馨
出版发行　青岛出版社
社　　址　青岛市海尔路 182 号（266061）
本社网址　http://www.qdpub.com
邮购电话　13335059110　0532–85814750（传真）0532– 68068026
责任编辑　杨成舜　刘　冰
封面设计　刘　欣
内文设计　刘　欣　时　潇　张　明　刘　涛
印　　刷　青岛浩鑫彩印有限公司
出版日期　2018 年 1 月第 1 版　2018 年 1 月第 1 次印刷
开　　本　32 开（890mm × 1240mm）
印　　张　3.75
字　　数　40 千
图　　数　151
印　　数　1 – 6000
书　　号　ISBN 978–7–5552–5927–5
定　　价　39.00 元

编校印装质量、盗版监督服务电话　4006532017　0532–68068638
建议陈列类别：美食